"十四五"职业教育部委级规划教材

NONGCHANPIN JIAGONG JISHU:
BEI-KAO CHANPIN JIAGONG

农产品加工技术:
焙烤产品加工

胡彩香 李 岩 刘 馨/主 编

中国纺织出版社有限公司

内 容 提 要

本书采用模块化设计思路，按照生产实际和岗位需求设计开发课程，介绍了果蔬产品、肉制品、乳制品、焙烤产品、粮油产品加工技术 5 个大模块，由各大类农产品加工制品下的具体产品构成多个教学项目，将新技术、新工艺、新规范、典型生产案例及时纳入教学内容，突出岗位性、专业性、实用性，提高学生专业技能。本书通俗易懂，可操作性强，适合作为中等职业院校、各类食品生产企业等相关专业人员进行农产品加工的参考用书，也可用于农民培育教材。

图书在版编目（CIP）数据

农产品加工技术/胡彩香，李岩，刘馨主编. --北京：中国纺织出版社有限公司，2022.12
ISBN 978-7-5229-0047-6

Ⅰ.①农… Ⅱ.①胡… ②李… ③刘… Ⅲ.①农产品加工—教材 Ⅳ.①S37

中国版本图书馆 CIP 数据核字（2022）第 208450 号

责任编辑：闫 婷　责任校对：高 涵　责任印制：王艳丽

中国纺织出版社有限公司出版发行
地址：北京市朝阳区百子湾东里 A407 号楼　邮政编码：100124
销售电话：010—67004422　传真：010—87155801
http://www.c-textilep.com
中国纺织出版社天猫旗舰店
官方微博 http://weibo.com/2119887771
天津千鹤文化传播有限公司印刷　各地新华书店经销
2022 年 12 月第 1 版第 1 次印刷
开本：787×1092　1/16　印张：23.5
字数：519 千字　定价：58.00 元（全 5 册）

凡购本书，如有缺页、倒页、脱页，由本社图书营销中心调换

前　　言

农产品加工技术是对农业生产的动植物产品及其物料进行加工的生产技术，是促进农民就业增收的重要途径和建设社会主义新农村的重要支撑，是满足城乡居民生活需求的重要保证。农产品加工业产业关联度高、涉及面广、吸纳就业能力强、劳动技术密集，在服务"三农"、壮大县域经济、促进就业、扩大内需、增加出口、保障食品营养健康与质量安全等方面发挥重要作用。

本书采用模块化设计思路，按照生产实际和岗位需求设计开发课程，深入实施职业技能等级证书制度，将新技术、新工艺、新规范、典型生产案例及时纳入教学内容，突出岗位性、专业性、实用性，提高学生专业技能；将专业精神、职业精神和工匠精神融入教学任务，注重培养学生良好的职业道德和职业素养。

本书介绍了果蔬产品、肉制品、乳制品、焙烤产品、粮油产品加工技术 5 个大模块，由各大类农产品加工制品下的具体产品构成多个教学项目。每个项目以典型农产品的加工生产为例，从学习目标、任务资讯（任务案例）、任务发布、任务分析、任务实施［一、生产规范要求；二、原辅材料要求；三、加工工艺操作；四、主要质量问题及防（预防）治（解决）方法；五、成品质量标准及评价］等方面介绍不同农产品加工生产的技术，并有详细的专项实训，以便师生根据实际情况选择，实现教、学、做一体化。本书通俗易懂，可操作性强，适合作为中等职业院校、各类食品生产企业等相关专业人员进行农产品加工的参考用书，也可用于高素质农民培育教材。

由于笔者知识面和专业水平有限，书中不妥之处在所难免，敬请专家、读者批评指正，笔者不胜感谢。

编者
2022 年 10 月

目　　录

项目四　焙烤产品加工 …………………………………………………………… 1
　任务一　面包加工 ……………………………………………………………… 1
　任务二　蛋糕加工 ……………………………………………………………… 9
　任务三　糕点加工 ……………………………………………………………… 17
　任务四　馕加工 ………………………………………………………………… 25

参考文献 ………………………………………………………………………… 34

图书资源

项目四　焙烤产品加工

任务一　面包加工

学习目标

【素质目标】
了解中国面包加工行业近几年基本情况
【技能目标】
1. 能够根据标准要求进行面包加工原辅料的验收
2. 能够根据原辅料特点和成分对面包加工工艺参数进行调整
3. 能够预防和解决面包加工过程中的主要质量安全问题
【知识目标】
1. 掌握常见加工面包用各类原料的主要理化成分和加工特点
2. 掌握面包加工的主要原辅料及其验收要求
3. 掌握典型面包加工的主要工艺流程和关键工艺参数
4. 掌握面包加工中的主要质量安全问题及防（预防）治（解决）方法
5. 掌握面包成品的质量安全标准要求及其评价方法

任务资讯（任务案例）

21世纪初期，受到西方饮食习惯影响以及我国居民饮食习惯的改变，人们对面包的消费逐渐增多，我国包括面包在内的烘焙行业开始进入成长阶段。随着消费群体的扩大，近几年我国面包的市场份额正在快速增长。2017年至2021年，市场规模从1877亿元增加至2657亿元，年均复合增长率约为9%，预计2023年中国烘焙食品行业市场规模将超过3000亿元。

任务发布

新疆某企业欲新上面包生产线，生产软式面包，原辅料的选择是面包生产的重要环节之一，那么，面包企业生产面包用的原辅料选择需要考虑哪些方面？其验收要求有哪些？主要生产工艺流程有哪些？生产过程卫生控制要符合哪些要求？该企业生产过程中可能面临哪些

1

质量安全问题？如何预防和改善？该企业成品的验收标准有哪些？

 任务分析

  《食品安全国家标准　糕点、面包》（GB 7099）对面包的定义为："以小麦粉、酵母、水等为主要原料，添加或不添加其他原料，经搅拌、发酵、整形、饧发、熟制等工艺制成的食品，以及熟制前或熟制后在产品表面或内部添加奶油、蛋白、可可、果酱等的食品。"《面包质量通则》（GB/T 20981）中也给出了面包的定义，与 GB 7099 标准中对面包的定义基本一致。GB/T 20981 中还明确了面包的分类，包括软式面包、硬式面包、起酥面包、调理面包和其他面包。

  根据《糕点生产许可证审查细则》，实施食品生产许可证管理的糕点产品包括以粮、油、糖、蛋等为主要原料，添加适量辅料，并经调制、成型、熟制、包装等工序制成的食品，如月饼、面包、蛋糕等。由此可见，面包的生产也需要符合《糕点生产许可证审查细则》的规定，要进行软式面包的加工，需要按照食品生产许可的规定具备环境场所、设备设施、人员制度等方面的条件，获得糕点类食品生产许可证，才能开展生产工作。在软式面包的加工方面，首先，需要了解软式面包的主要生产原辅料，以及各个原辅料的主要成分和加工特点，根据标准要求验收采购原料；其次，要按照软式面包加工的基本工艺流程和参数进行加工，在加工过程中要利用各种技术手段预防或解决各类产品质量安全问题，确保产品质量安全；最后，根据成品标准对成品进行检验。

 任务实施

一、生产规范要求

（一）环境场所

  良好的卫生环境是生产安全食品的基础，面包企业的生产环境应符合《食品安全国家标准　食品生产通用卫生规范》（GB 14881）、《食品安全国家标准　糕点、面包卫生规范》（GB 8957）等相关标准的要求，厂区选址应远离污染源，周围无虫害大量孳生的潜在场所，环境整洁。厂区布局合理，各功能区域划分明显，包括原辅料库、生产车间、检验室等；设计与布局合理，便于设备的安装、清洗、消毒等；道路硬化，铺设混凝土、沥青或者其他硬质材料；厂区绿化与生产车间保持适当距离，生活区及生产区分开。有合理的排水系统，污水处理设施等应当远离生产区域和主干道，并位于主风向的下风处，排放应符合相关规定。生产区建筑物与外源公路或道路应保持一定距离或封闭隔离，并设有防护措施。厂区内禁止饲养禽、畜。

  面包生产企业应具备原料库、生产车间和成品库。车间生产工艺布局合理，满足食品卫生操作要求。各生产车间或内部区域应依其清洁要求程度，分为清洁作业区、准清洁作业区及一般作业区，各区之间应防止交叉污染。清洁作业区应为独立间隔，如半成品冷却区与暂存区、内包装间、冷加工间、清洗消毒区等。清洁作业区空气中的菌落总数应结合生产实际情况确定监控指标限值。

（二）设备设施

《糕点生产许可证审查细则》规定，面包生产企业必须具备下列生产设备：调粉设备（如和面机、打蛋机）；成型设施（如月饼成型机、桃酥机、蛋糕成型机、酥皮机、印模等）；熟制设备（如烤炉、油炸锅、蒸锅）；包装设施（如包装机）。生产发酵类产品还应具备发酵设施（如发酵箱、饧发箱）。

生产企业应配备与生产能力相适应的生产设备，并按工艺流程有序排列，避免引起交叉污染，建立和落实维护保养制度。直接使用鸡蛋作为原料的工厂，应设有洗蛋间，洗蛋间应有洗蛋、消毒设施。产生大量蒸汽或油烟的食品加工区域上方应设置有效的机械排风设施。生产面包产品等有发酵工艺的工厂，应设有发酵室（或发酵设施）。

二、原辅材料要求

生产软式面包常用原辅料包括小麦粉、酵母、水、食品添加剂等。肉、蛋、奶、速冻食品等容易腐败变质的食品原料应建立相应的温度控制等食品安全控制措施并严格执行。如使用的原辅材料为实施生产许可证管理的产品，必须选用获得生产许可证企业生产的产品。

小麦粉是加工面包的主要原料之一。小麦粉应符合《食品安全国家标准　粮食》（GB 2715）的基本要求。GB 2715适用于供人食用的原粮和成品粮，包括谷物、豆类、薯类等。除此之外，小麦粉还有推荐性的国家标准《小麦粉》（GB/T 1355）、《高筋小麦粉》（GB/T 8607）、《低筋小麦粉》（GB/T 8608）、《营养强化小麦粉》（GB/T 21122）等。

此外，还有各种专用小麦粉，是针对不同面制食品的加工特性和品质的要求而生产的。专用小麦粉按用途不同可分为面包类小麦粉、糕点类小麦粉、饺子类小麦粉、预混合小麦粉和家庭用粉等，有各自的标准。例如，《面包用小麦粉》（LS/T 3201）、《蛋糕用小麦粉》（LS/T 3207）、《糕点用小麦粉》（LS/T 3208）等。

根据《中国食物成分表》（2018年版），小麦粉的主要成分见表1。

表1　小麦粉一般营养素成分表（以每100g可食部计）

食物成分名称	食物名称	
	小麦粉（代表值）[1]	小麦粉（标准粉）
水分/g	11.2	9.9
能量/kJ	1512	1531
蛋白质/g	12.4	15.7
脂肪/g	1.7	2.5
碳水化合物/g	74.1	70.9
不溶性膳食纤维/g	0.8	—[2]
胆固醇/mg	0	0
灰分/g	0.7	1.0

续表

食物成分名称	食物名称	
	小麦粉（代表值）[1]	小麦粉（标准粉）
总维生素 A/μg RAE	0	0
胡萝卜素/μg	0	0
视黄醇/μg	0	0
维生素 B_1/mg	0.20	0.46
维生素 B_2/mg	0.06	0.05
烟酸/mg	1.57	1.91
维生素 C/mg	0	0
维生素 E/mg	0.66	0.32
钙/mg	28	31
磷/mg	136	167
钾/mg	185	190
钠/mg	14.1	3.1
镁/mg	53	50
铁/mg	1.4	0.6
锌/mg	0.69	0.20
硒/μg	7.10	7.42
铜/mg	0.23	0.06
锰/mg	0.37	0.10

注：1. 代表值是指当来自不同地区的同一种食物有多个的时候，为了便于使用，《中国食物成分表》（2018年版）对不同产区或不同品种的多条同个食物营养素含量计算了"x"代表值。

2. 符号"—"，表示未检测，理论上食物中应该存在一定量的该种成分，但未实际检测。

三、加工工艺操作

1. 工艺流程

依据《糕点生产许可证审查细则》，面包的基本工艺流程一般包括：原辅料处理、调粉、发酵（如发酵类）、成型、熟制（烘烤、油炸、蒸制或水煮）、冷却和包装等过程。

软式面包的一般工艺流程如下：原料→搅拌→发酵→分割搓圆→中间醒发→成型→最后醒发→烘烤→产品。

2. 操作要点

（1）搅拌：将面包粉、酵母、面包改良剂、盐、糖、奶粉等干性原料倒入和面机中，快速搅拌 2min 使其混合均匀。改慢速后加入水，搅拌至成团后（约 3min）；改中速搅拌促进其面筋形成（约 3min）。然后改慢速，加入黄油，搅拌至黄油全部融入面团中后（约 3min），改快速搅拌至面筋完全扩展阶段即可（5～8min）。完成后的面团可拉出薄膜状，面团温度控制在 28℃ 左右。

(2) 发酵：在30℃，相对湿度75%的条件下发酵2.5h，中间翻面1次。

(3) 分割搓圆：分割成150g的剂子26个，搓圆。

(4) 中间醒发：盖上保鲜膜，醒发15min。

(5) 成型：擀压成长椭圆形，卷紧成长条，收口向下，四个并排放入600g吐司模具中。

(6) 最后醒发：在38℃，相对湿度80%~85%的醒发箱内，醒发至模具八成满时，取出盖好盖子。

(7) 烘烤：放入上火200℃、下火200℃的烤箱烘烤40min，关火再闷10min。

四、主要质量问题及防（预防）治（解决）方法

面包在生产、储藏及销售过程中经常会出现起发不均、表面干裂或出现斑点、口感不佳、微生物超标等质量安全问题，以下对这些现象产生的原因进行分析，并介绍常用的解决方法。

（一）起发不均、表面干裂或出现斑点

为保证酵母处于最适的发酵状态，应适时翻揉，通过翻揉调节面团内部与外表温差，不断混入新鲜空气，排出二氧化碳气体，同时还可促使已松弛的面筋恢复弹性。生产中还要注意，使用食糖和食盐等可溶性物质前，可先用水溶化过滤，粉质的原辅料要经过筛后使用。奶粉需先用水调制成乳状后使用，切不可直接加入调粉机中，以免奶粉结块而影响面团的调制。适当调整醒发室内温度和湿度。温度是酵母生命活动的重要因素，面包酵母发酵过程所需的最适温度在25~28℃，面团醒发的湿度（相对）要求在80%~90%。为达到以上要求，要通过调整排管位置和流量实现室内蒸汽密度上与下接近均衡。面包生坯要经常上下移动位置，尽量避免由上下温度、湿度不均而引起的面包起发不均，表面干裂或出现斑点现象。

（二）口感不佳

新鲜的酵母液生产出的面包质量要好，面包体积大，而且香味浓郁，如使用变质酵母液面包体积小，香气不足。面包生产过程中，酵母用量的选择非常关键，若用量小于最佳用量，发酵繁殖缓慢，导致产品体积小，风味差。若酵母用量过大，产品易发酵过度，使产品酸度加大，影响口感。

面包的发酵是一个较复杂的生化反应过程。发酵工艺的控制对面包起发力和口味有着直接影响。如果对发酵工艺控制不严、发酵过度、发酵温度较高或被产酸菌污染，各种产酸菌的代谢作用将导致乳酸、醋酸、丁酸等酸性物质的产生，使面团酸度增高．影响面包的口味。

食糖和食盐的用量也应适当。由于糖和盐溶液具有一定的渗透压，如果用量过高易造成酵母细胞萎缩，降低酵母的发酵力；用量过小将会影响面包的风味。

（三）微生物超标

造成面包微生物指标不合格的主要原因：一是购入的原料被污染；二是储存条件欠佳导致原料霉变；三是生产工器具清洗消毒不彻底、生产环境卫生状况差、消毒液有效浓度不够；四是人员卫生控制不严格，工人对手、工作服、鞋、帽及生产工器具进行清洗消毒不彻底等；五是生熟食品交叉污染、半成品和成品的交叉污染。因此，面包中微生物的控制，特别要注意人员操作、环境污染以及原料带入污染等方面。

为防止产品的微生物超标问题，生产企业应按照《食品安全国家标准　食品生产通用卫

生规范》（GB 14881）规定，根据产品特点确定关键控制环节进行微生物监控；建立食品加工过程的微生物监控程序，包括生产环境的微生物监控和过程产品的微生物监控。食品加工过程的微生物监控程序应包括：微生物监控指标、取样点、监控频率、取样和检测方法、评判原则和整改措施等。《食品安全国家标准 糕点、面包卫生规范》（GB 8957）规定，有醒发工艺的产品，饧发时应控制醒发温度、时间、湿度，并定期对饧发室进行清洗和消毒，防止杂菌污染。工厂包装用的复合纸罐、纸杯、PET 杯等包装材料，根据微生物污染的状况，必要时应进行灭菌处理，如紫外线杀菌或其他有效的灭菌方式，确保包装材料表面无污染。面包工厂加工过程的微生物监控程序可参考 GB 8957 标准附录 A。

五、成品质量标准及评价

《食品安全国家标准 糕点、面包》（GB 7099）标准规定了面包的感官要求、理化指标要求等食品安全要求及其检测方法。其中规定，污染物限量应符合 GB 2762 的规定；致病菌限量应符合 GB 29921 中熟制粮食制品（含焙烤类）的规定。

《面包质量通则》（GB/T 20981）规定了面包的术语和定义、产品分类、技术要求、试验方法、检验规则、标签、包装运输及贮存。

依据上述规定，以面包类别中的软式面包为例，整理出软式面包成品应符合的质量安全指标如表 2 所示。

表 2 软式面包质量安全指标

产品指标		指标要求	标准法规来源	检验方法
感官要求		冷冻储存的面包按食用方法解冻后，应符合相应产品类别的要求	GB/T 20981	GB/T 20981
感官要求	色泽	具有产品应有的正常色泽	GB 7099	GB 7099
	色泽	具有产品应有的色泽	GB/T 20981	GB/T 20981
	滋味、气味	具有产品应有的气味和滋味，无异味	GB 7099	GB 7099
	滋味与口感	具有发酵和熟制后的面包香味，松软适口，无异味	GB/T 20981	GB/T 20981
	状态	无霉变、无生虫及其他正常视力可见的外来异物	GB 7099	GB 7099
	形态	完整，饱满，具有产品应有的形态	GB/T 20981	GB/T 20981
	组织	细腻，有弹性，气孔较均匀		
	杂质	正常视力范围内无可见的外来异物		
理化指标	酸价	≤5mg/g（以脂肪计，KOH。仅适用于配料中添加油脂的产品）	GB 7099	GB 5009.229
	过氧化值	≤0.25g/100g（以脂肪计。仅适用于配料中添加油脂的产品）		GB 5009.227

续表

产品指标		指标要求	标准法规来源	检验方法
理化指标	水分	≤50%	GB/T 20981	GB/T 20981
	酸度	≤6°T		
	净含量	预包装产品应符合《定量包装商品计量监督管理办法》的规定		JJF 1070
感官要求	理化指标	冷冻储存的面包按食用方法解冻后，应符合相应产品类别的要求	GB/T 20981	
微生物要求	菌落总数	$n=5$，$c=2$，$m=10^4$，$M=10^5$CFU/g（不适用于现制现售的产品，以及含有未熟制的发酵配料或新鲜水果蔬菜的产品）	GB 7099	GB 4789.2
	大肠菌群	$n=5$，$c=2$，$m=10$，$M=10^2$CFU/g（不适用于现制现售的产品，以及含有未熟制的发酵配料或新鲜水果蔬菜的产品）		GB 4789.3 平板计数法
	霉菌	≤150CFU/g（不适用于添加霉菌成熟干酪的产品）		GB 4789.15
污染物限量	铅	≤0.5mg/kg（以 Pb 计）	GB 2762	GB 5009.12
	锡	≤250mg/kg（以 Sn 计。仅适用于采用镀锡薄板容器包装的食品）		GB 5009.16
致病菌限量	沙门氏菌	$n=5$，$c=0$，$m=0/25g$（mL），$M=$—	GB 29921	GB 4789.4
	金黄色葡萄球菌	$n=5$，$c=1$，$m=100$CFU/g，$M=1000$CFU/g		GB4789.10

实训工作任务单

学习项目	面包加工技术	工作任务	软式面包制作
时间		工作地点	
任务内容	原辅料的选择及处理，搅拌操作，发酵操作，成型操作，醒发操作，软式面包生产过程中存在的质量问题与解决方法		
工作目标	素质目标 了解中国面包加工行业近几年基本情况 技能目标 1. 能够根据标准要求进行面包加工原辅料的验收 2. 能够根据原辅料特点和成分对面包加工工艺参数进行调整 3. 能够预防和解决面包加工过程中的主要质量安全问题 知识目标 1. 掌握常见加工面包用各类原料的主要理化成分和加工特点 2. 掌握面包加工的主要原辅料及其验收要求 3. 掌握典型面包加工的主要工艺流程和关键工艺参数 4. 掌握面包加工中的主要质量安全问题及防（预防）治（解决）方法 5. 掌握面包成品的质量安全标准要求及其评价方法		

续表

产品描述	请描述该产品的特点、感官性状、营养成分等
实训设备	请列举本次实训使用的设备，并描述操作要点
操作要点	请根据课程学习和实训操作填写软式面包制作的工艺流程和操作要点
成果提交	实训报告，软式面包产品
相关标准/验收标准	请根据课程学习和实训操作填写软式面包的相关验收标准，包括指标名称、指标要求、检测方法、来源标准法规
实训心得	本次实训有哪些收获？产品的关键控制点和容易出现的问题有哪些
提示	

工作考核单

学习项目	面包加工技术		工作任务	软式面包制作	
班级		组别		（组长）姓名	

序号	考核内容	考核标准	分数	权重		
				自评	组评	教师评
				30%	30%	40%
1	学习态度	积极主动，实事求是，团队协作，律己守纪				
2	组织纪律	上课考勤情况				
3	任务领会与计划	理解生产任务目标要求，能查阅相关资料，能制订生产方案				
4	任务实施	能根据生产任务单和作业指导书实施生产步骤，完成任务				
5	项目验收	依据相关技术资料对完成的工作任务进行评价				
6	工作评价与反馈	针对任务的完成情况进行合理分析，对存在问题展开讨论，提出修改意见				
		合计				
评语						

指导老师签字_____

项目四 焙烤产品加工

任务二 蛋糕加工

 学习目标

【素质目标】
了解蛋糕加工行业近几年基本情况
【技能目标】
1. 能够根据标准要求进行蛋糕加工原辅料的验收
2. 能够根据原辅料特点和成分对蛋糕加工工艺参数进行调整
3. 能够预防和解决蛋糕加工过程中的主要质量安全问题
【知识目标】
1. 掌握常见加工蛋糕用各类原料的主要理化成分和加工特点
2. 掌握蛋糕加工的主要原辅料及其验收要求
3. 掌握典型蛋糕加工的主要工艺流程和关键工艺参数
4. 掌握蛋糕加工中的主要质量安全问题及防（预防）治（解决）方法
5. 掌握蛋糕成品的质量安全标准要求及其评价方法

 任务资讯（任务案例）

近几年，西式糕点行业发展十分迅速，尤其是蛋糕行业。随着翻糖蛋糕和裱花蛋糕等各大网红蛋糕的出现，蛋糕品类越来越受到年轻消费者的青睐。有数据显示，2020 年，中国烘焙行业市场规模达到 2358 亿元，且未来 5 年有望以 7% 左右的速度继续增长。而在其细分品类中，蛋糕以 41% 的市场占比实现了 973 亿元的规模，位列第一。目前，随着消费者消费能力不断提升，国内烘焙市场日渐兴盛，据有关部门统计，中国的烘焙市场已有 4000 亿规模，蛋糕类市场达 1600 亿，每年保持 20% 以上的增速。

 任务发布

新疆某企业欲新上蛋糕生产线，生产裱花蛋糕。请问该企业生产该产品的原辅料验收要求有哪些？主要工艺流程有哪些？生产过程卫生控制要符合哪些要求？该企业生产过程中可能面临哪些质量安全问题？如何预防和改善？该企业成品的验收标准有哪些？

 任务分析

《食品安全国家标准 糕点、面包》（GB 7099）对糕点的定义为："以谷类、豆类、薯

9

类、油脂、糖、蛋等的一种或几种为主要原料，添加或不添加其他原料，经调制、成型、熟制等工序制成的食品，以及熟制前或熟制后在产品表面或熟制后内部添加奶油、蛋白、可可、果酱等的食品。"《糕点分类》（GB/T 30645—2014）标准附录 A 中明确了西式糕点的代表产品有裱花蛋糕、西式清蛋糕、西式油蛋糕等。《裱花蛋糕》（GB/T 31059—2014）规定了裱花蛋糕的术语和定义、产品分类、技术要求、加工过程控制、检验方法、标签标识、包装、运输、贮存、销售等的内容。该标准中将裱花蛋糕分为传统蛋糕、乳酪蛋糕、慕斯蛋糕、复合型裱花蛋糕和其他裱花蛋糕五类。

要进行裱花蛋糕的加工，需要按照食品生产许可的规定具备环境场所、设备设施、人员制度等方面的条件，获得糕点类食品生产许可证，才能开展生产工作。在裱花蛋糕的加工方面，首先，需要了解裱花蛋糕的主要生产原辅料，以及各个原辅料的主要成分和加工特点，根据标准要求验收采购原料；其次，要按照裱花蛋糕加工的基本工艺流程和参数进行加工，在加工过程中要利用各种技术手段预防或解决各类产品质量安全问题，确保产品质量安全；最后，根据成品标准对成品进行检验。

任务实施

一、生产规范要求

（一）环境场所

良好的卫生环境是生产安全食品的基础，蛋糕企业的生产环境应符合《食品安全国家标准 食品生产通用卫生规范》（GB 14881）、《食品安全国家标准 糕点、面包卫生规范》（GB 8957）等相关标准的要求，厂区选址应远离污染源，周围无虫害大量孳生的潜在场所，环境整洁。厂区布局合理，各功能区域划分明显，包括原辅料库、生产车间、检验室等；设计与布局合理，便于设备的安装、清洗、消毒等；道路硬化，铺设混凝土、沥青或者其他硬质材料；厂区绿化与生产车间保持适当距离，生活区及生产区分开。有合理的排水系统，污水处理设施等应当远离生产区域和主干道，并位于主风向的下风处，排放应符合相关规定。生产区建筑物与外源公路或道路应保持一定距离或封闭隔离，并设有防护措施。厂区内禁止饲养禽、畜。

蛋糕生产企业应具备原料库、生产车间和成品库。车间生产工艺布局合理，满足食品卫生操作要求。各生产车间或内部区域应依其清洁要求程度，分为清洁作业区、准清洁作业区及一般作业区，各区之间应防止交叉污染。清洁作业区应为独立间隔，如半成品冷却区与暂存区、内包装间、冷加工间、清洗消毒区等。清洁作业区空气中的菌落总数应结合生产实际情况确定监控指标限值。

（二）设备设施

蛋糕生产设备设施与糕点生产设备设施基本相同，《糕点生产许可证审查细则》规定，蛋糕生产企业必须具备下列生产设备：调粉设备（如和面机、打蛋机）；成型设施（如月饼成型机、桃酥机、蛋糕成型机、酥皮机、印模等）；熟制设备（如烤炉、油炸锅、蒸锅）；包装设施（如包装机）。生产发酵类产品还应具备发酵设施（如发酵箱、醒发箱）。

生产企业应配备与生产能力相适应的生产设备，并按工艺流程有序排列，避免引起交叉污染，建立和落实维护保养制度。直接使用鸡蛋作为原料的工厂，应设有洗蛋间，洗蛋间应有洗蛋、消毒设施。产生大量蒸汽或油烟的食品加工区域上方应设置有效的机械排风设施。

二、原辅材料要求

生产蛋糕常用原辅料包括小麦粉、水、鸡蛋、食糖、食用油、食品添加剂等。肉、蛋、奶、速冻食品等容易腐败变质的食品原料应建立相应的温度控制等食品安全控制措施并严格执行。如使用的原辅材料为实施生产许可证管理的产品，必须选用获得生产许可证企业生产的产品。

小麦粉是加工蛋糕的主要原料之一。小麦粉产品分为通用小麦粉和专用小麦粉。这里的通用小麦粉和专用小麦粉的划分是相对的，是根据生产工艺、产品执行标准、产品的主要用途等，为了便于工作而进行的划分，并非标准的规定。

我国现行小麦粉推荐性国家标准中将面粉分为四等，即特制一等粉、特制二等粉、标准粉和普通粉。评定面粉质量的项目包括水分、灰分、粗细度、含砂量、磁性金属物、面筋质、气味口味、脂肪酸值等。

由于我国小麦品种多，播种面积大，并且各产区的土壤、气候和栽培方法不同，使小麦性质有很大差异。小麦性质的差别直接影响面粉的质量。加上面粉厂加工技术条件的不同，因此面粉的质量变动很大。

小麦粉应符合《食品安全国家标准 粮食》（GB 2715）的基本要求。GB 2715 适用于供人食用的原粮和成品粮，包括谷物、豆类、薯类等。除此之外，小麦粉还有推荐性的国家标准《小麦粉》（GB/T 1355）、《高筋小麦粉》（GB/T 8607）、《低筋小麦粉》（GB/T 8608）、《营养强化小麦粉》（GB/T 21122）等。

此外，还有各种专用小麦粉，是针对不同面制食品的加工特性和品质的要求而生产的。专用小麦粉按用途不同可分为面包类小麦粉、糕点类小麦粉、饺子类小麦粉、预混合小麦粉和家庭用粉等，有各自的标准。例如，《面包用小麦粉》（LS/T 3201）、《蛋糕用小麦粉》（LS/T 3207）、《糕点用小麦粉》（LS/T 3208）等。企业可结合具体产品标准要求，制定不同原料的质量控制指标。

根据《中国食物成分表》（2018年版），小麦粉的主要成分见表1。

表 1 小麦粉一般营养素成分表（以每100g可食部计）

食物成分名称	食物名称	
	小麦粉（代表值）[1]	小麦粉（标准粉）
水分/g	11.2	9.9
能量/kJ	1512	1531
蛋白质/g	12.4	15.7
脂肪/g	1.7	2.5

续表

食物成分名称	食物名称	
	小麦粉（代表值）[1]	小麦粉（标准粉）
碳水化合物/g	74.1	70.9
不溶性膳食纤维/g	0.8	—[2]
胆固醇/mg	0	0
灰分/g	0.7	1.0
总维生素 A/μg RAE	0	0
胡萝卜素/μg	0	0
视黄醇/μg	0	0
维生素 B_1/mg	0.20	0.46
维生素 B_2/mg	0.06	0.05
烟酸/mg	1.57	1.91
维生素 C/mg	0	0
维生素 E/mg	0.66	0.32
钙/mg	28	31
磷/mg	136	167
钾/mg	185	190
钠/mg	14.1	3.1
镁/mg	53	50
铁/mg	1.4	0.6
锌/mg	0.69	0.20
硒/μg	7.10	7.42
铜/mg	0.23	0.06
锰/mg	0.37	0.10

注：1. 代表值是指当来自不同地区的同一种食物有多个的时候，为了便于使用，《中国食物成分表》（2018 年版）对不同产区或不同品种的多条同个食物营养素含量计算了"x"代表值。

2. 符号"—"，表示未检测，理论上食物中应该存在一定量的该种成分，但未实际检测。

三、加工工艺操作

1. 工艺流程

依据《糕点生产许可证审查细则》，糕点的基本工艺流程一般包括：原辅料处理、调粉、发酵（如发酵类）、成型、熟制（烘烤、油炸、蒸制或水煮）、冷却和包装等过程。

裱花蛋糕作为糕点中的一类，工艺流程与糕点类似，其一般工艺流程如下：原料→调糊→装模→烘烤→脱模→冷却→装饰→产品。

2. 操作要点

（1）调糊：鸡蛋去壳，将蛋液、白砂糖放入打蛋机内对其进行搅拌，先慢后快，打蛋时间控制在 10min 左右，直到白砂糖全部溶解于混合溶液中，加入适量的水再搅拌均匀，将加工需要的面粉和膨松剂进行过筛，然后分批将其混入搅拌好的蛋糊中，然后搅拌均匀，在这一过程中不可以过度搅打，防止面粉起筋，影响蛋糕的形态。

（2）装模：将已经调好的面糊装入烤盘内，然后将其快速放入烤箱中对其进行烘烤，防止面糊在外放置时间较长而出现内部气体外泄情况，影响蛋糕的起发效果。

（3）烘烤：烘烤需要对温度进行有效的控制，烘烤温度180℃左右，烘烤时间在 10～15min，直到蛋糕完全熟透。

（4）装饰：准备好裱花袋、裱花嘴。将调好的奶油膏倒入裱花袋，按照设计要求裱制图案、花卉或文字。

四、主要质量问题及防（预防）治（解决）方法

蛋糕在生产、储藏及销售过程中经常会出现微生物超标、过氧化值和酸价超标等质量安全问题，以下对这些现象产生的原因进行分析，并介绍常用的解决方法。

（一）微生物超标

蛋糕产品的微生物指标超标，主要是菌落总数、大肠菌群、霉菌、致病菌等超标。造成蛋糕微生物指标不合格的主要原因：一是购入的原料被污染；二是储存条件欠佳导致原料霉变；三是生产工器具清洗消毒不彻底、生产环境卫生状况差、消毒液有效浓度不够；四是人员卫生控制不严格，工人对手、工作服、鞋、帽及生产工器具进行清洗消毒不彻底等；五是生熟食品交叉污染、半成品和成品的交叉污染。因此，蛋糕中污染菌的控制，特别要注意人员操作、环境污染以及原料带入污染等方面。

为防止产品的微生物超标问题，生产企业应按照《食品安全国家标准 食品生产通用卫生规范》（GB 14881）规定，根据产品特点确定关键控制环节进行微生物监控；建立食品加工过程的微生物监控程序，包括生产环境的微生物监控和过程产品的微生物监控。食品加工过程的微生物监控程序应包括：微生物监控指标、取样点、监控频率、取样和检测方法、评判原则和整改措施等。蛋糕工厂加工过程的微生物监控程序可参考 GB 8957 标准附录 A。

（二）过氧化值和酸价超标

酸价主要反映食品中的油脂酸败程度，过氧化值是油脂酸败的早期指标。而油脂是许多蛋糕的配料之一，由于生产企业采购的油脂不合格或者储存保管不善、加工过程中工艺控制不严等，导致蛋糕的酸价和过氧化值超标。

引起蛋糕过氧化值超标的最主要原因是油脂经高温烘烤后氧化所致。蛋糕生产中若使用了含油脂的果仁或油脂成分过高的食品原料，经热加工可加重酸败。加工好的蛋糕存放时间过长，尤其是夏季，在阳光、高温作用下也可加快酸败，导致过氧化值超标。过氧化值和酸价超标说明可能在蛋糕生产加工过程中使用了质量不合格的油脂。可能由于原料采购把关不严、生产工艺不达标、产品储藏条件不当等，使油脂氧化加剧产生酸败。企业应重点加强油脂原料采购验收、过程卫生和成品贮存条件的控制。

五、成品质量标准及评价

《裱花蛋糕》（GB/T 31059）规定了裱花蛋糕的产品分类、要求、试验方法、检验规则和标签的要求。该标准明确裱花蛋糕的卫生指标应符合 GB 7099 的规定，其中规定，污染物限量应符合 GB 2762 的规定；致病菌限量应符合 GB 29921 中熟制粮食制品（含焙烤类）的规定，微生物限量还应符合标准中表 3 的规定。

依据上述规定，以裱花蛋糕中的传统蛋糕为例，整理出传统蛋糕成品应符合的质量安全指标如表 2 所示。

表 2 传统蛋糕质量安全指标

产品指标		指标要求	标准法规来源	检验方法
原料要求		原料应符合相应的食品标准和有关规定	GB 7099	—
		白砂糖：应符合 GB/T 317 的规定	GB/T 31059	
		绵白糖：应符合 GB/T 1445 的规定		
		鲜蛋：应符合 GB 2749 的规定		
		奶油：应符合 GB 19646 的规定		
		小麦粉：应符合 GB/T 1355 的规定		
		蛋糕用小麦粉：应符合 LS/T 3207 的规定		
		奶酪（干酪）：应符合 GB 5420 的规定		
		人造奶油：应符合 GB 15196 的规定		
		植脂奶油：应符合 SB/T 10419 的规定		
		食用植物油：应符合 GB 2716 的规定		
		生产用水：应符合 GB 5749 的规定		
		巧克力及巧克力制品：应符合 GB/T 19343 的规定		
		食品馅料：应符合 GB/T 21270 的规定		
		果酱：应符合 GB/T 22474 的规定		
		食品添加剂：食品添加剂的质量应符合相关的国家标准或行业标准		
感官要求	色泽	具有产品应有的正常色泽	GB 7099	GB 7099
	色泽	色泽均匀正常，装饰料色泽正常	GB/T 31059	GB/T 23780
	滋味、气味	具有产品应有的气味和滋味，无异味	GB 7099	GB 7099
	状态	无霉变、无生虫及其他正常视力可见的外来异物		
	形态	完整、不变形、不析水、表面无裂纹	GB/T 31059	GB/T 23780
	组织	组织内部蜂窝均匀，有弹性		
	口感与口味	糕坯松软，有蛋香味。装饰料符合其应有的风味，无异味		
	杂质	无正常视力可见杂质		

续表

产品指标		指标要求	标准法规来源	检验方法
理化指标	酸价	≤5mg/g（以脂肪计，KOH。仅适用于配料中添加油脂的产品）	GB 7099	GB 5009.229
	过氧化值	≤0.25g/100g（以脂肪计。仅适用于配料中添加油脂的产品）		GB 5009.227
	干燥失重	≤60g/100g	GB/T 31059	GB/T 23780
	蛋白质	≥3g/100g		
	脂肪	≥5g/100g		
	总糖	≤50g/100g		
	净含量	应符合《定量包装商品计量监督规定》或《零售商品称重计量监督管理办法》的规定		JJF 1070
微生物要求	菌落总数	$n=5$，$c=2$，$m=10^4$，$M=10^5$ CFU/g（不适用于现制现售的产品，以及含有未熟制的发酵配料或新鲜水果蔬菜的产品）	GB 7099	GB 4789.2
	大肠菌群	$n=5$，$c=2$，$m=10$，$M=10^2$ CFU/g（不适用于现制现售的产品，以及含有未熟制的发酵配料或新鲜水果蔬菜的产品）		GB 4789.3 平板计数法
	霉菌	≤150CFU/g（不适用于添加了霉菌成熟干酪的产品）		GB 4789.15
污染物限量	铅	≤0.5mg/kg（以Pb计）	GB 2762	GB 5009.12
致病菌限量	沙门氏菌	$n=5$，$c=0$，$m=0/25g$（mL），$M=$—	GB 29921	GB 4789.4
	金黄色葡萄球菌	$n=5$，$c=1$，$m=100$CFU/g，$M=1000$CFU/g		GB 4789.10

实训工作任务单

学习项目	蛋糕加工技术	工作任务	裱花蛋糕制作
时间		工作地点	
任务内容	原辅料的选择及处理，调糊操作，烘烤处理，装模操作，裱花蛋糕生产过程中存在的质量问题与解决方法		
工作目标	素质目标 了解蛋糕加工行业近几年基本情况 技能目标 1. 能够根据标准要求进行蛋糕加工原辅料的验收 2. 能够根据原辅料特点和成分对蛋糕加工工艺参数进行调整 3. 能够预防和解决蛋糕加工过程中的主要质量安全问题 知识目标 1. 掌握常见加工蛋糕用各类原料的主要理化成分和加工特点 2. 掌握蛋糕加工的主要原辅料及其验收要求 3. 掌握典型蛋糕加工的主要工艺流程和关键工艺参数		

续表

工作目标	4. 掌握蛋糕加工中的主要质量安全问题及防（预防）治（解决）方法 5. 掌握蛋糕成品的质量安全标准要求及其评价方法
产品描述	请描述该产品的特点、感官性状、营养成分等
实训设备	请列举本次实训使用的设备，并描述操作要点
操作要点	请根据课程学习和实训操作填写裱花蛋糕制作的工艺流程和操作要点
成果提交	实训报告，裱花蛋糕产品
相关标准/验收标准	请根据课程学习和实训操作填写裱花蛋糕的相关验收标准，包括指标名称、指标要求、检测方法、来源标准法规
实训心得	本次实训有哪些收获？产品的关键控制点和容易出现的问题有哪些
提示	

工作考核单

学习项目	蛋糕加工技术	工作任务	裱花蛋糕制作
班级		组别	（组长）姓名

序号	考核内容	考核标准	分数	权重 自评 30%	组评 30%	教师评 40%
1	学习态度	积极主动，实事求是，团队协作，律己守纪				
2	组织纪律	上课考勤情况				
3	任务领会与计划	理解生产任务目标要求，能查阅相关资料，能制订生产方案				
4	任务实施	能根据生产任务单和作业指导书实施生产步骤，完成任务				
5	项目验收	依据相关技术资料对完成的工作任务进行评价				
6	工作评价与反馈	针对任务的完成情况进行合理分析，对存在问题展开讨论，提出修改意见				
		合计				

评语	
	指导老师签字_____

项目四 焙烤产品加工

任务三 糕点加工

 学习目标

【素质目标】
1. 了解糕点加工行业近几年基本情况
2. 了解地方特色糕点

【技能目标】
1. 能够根据标准要求进行糕点加工原辅料的验收
2. 能够根据原辅料特点和成分对糕点加工工艺参数进行调整
3. 能够预防和解决糕点加工过程中的主要质量安全问题

【知识目标】
1. 掌握常见加工糕点用各类原料的主要理化成分和加工特点
2. 掌握糕点加工的主要原辅料及其验收要求
3. 掌握典型糕点加工的主要工艺流程和关键工艺参数
4. 掌握糕点加工中的主要质量安全问题及防（预防）治（解决）方法
5. 掌握糕点成品的质量安全标准要求及其评价方法

 任务资讯（任务案例）

近几年我国糕点行业发展速度较快，受益于糕点行业生产技术不断提高以及下游需求市场不断扩大，糕点行业在国内和国际市场上发展形势都十分看好，我国糕点行业迎来良好的发展机遇。

新疆拥有天然优越的气候条件和丰富的农产品资源，新疆食品工业快速发展，本土食品加工企业依靠优质资源和优惠政策不断发展壮大，新疆特色的农产品加工食品无论在线上还是线下都颇受消费者欢迎。

新疆常见的糕点有玛仁糖、油炸糕、酸奶疙瘩、巴克拉瓦、古拜底埃等。

任务发布

鉴于糕点行业在国内国际持续发展的良好势头，新疆一企业欲新上糕点生产线，生产烤蛋糕类糕点。请问该企业生产该产品的原辅料验收要求有哪些？主要工艺流程有哪些？生产过程卫生控制要符合哪些要求？该企业生产过程中可能面临哪些质量安全问题？如何预防和改善？该企业成品的验收标准有哪些？

17

任务分析

《食品安全国家标准 糕点、面包》（GB 7099）对糕点的定义为："以谷类、豆类、薯类、油脂、糖、蛋等的一种或几种为主要原料，添加或不添加其他原料，经调制、成型、熟制等工序制成的食品，以及熟制前或熟制后在产品表面或熟制后内部添加奶油、蛋白、可可、果酱等的食品。"《糕点术语》（GB/T 12140）对糕点的定义为：以粮、油、糖、蛋等为主料，添加（或不添加）适量辅料，经调制、成型、熟制等工序制成的食品。此外，《糕点分类》（GB/T 30645）中也对各类糕点的定义及工艺进行了介绍，该标准将糕点产品按生产工艺及产品区域特色分为两大类若干小类。《糕点通则》（GB/T 20977）规定了中式糕点的产品分类，按热加工和冷加工进行分类；其中热加工糕点分为焙烤糕点、油炸糕点、水蒸糕点、熟粉糕点、其他糕点五大类。烤蛋糕类糕点属于热加工糕点，更具体点应属于焙烤糕点。

要进行烤蛋糕类糕点的加工，需要按照食品生产许可的规定具备环境场所、设备设施、人员制度等方面的条件，获得糕点类食品生产许可证，才能开展生产工作。在烤蛋糕类糕点的加工方面，首先，需要了解烤蛋糕类糕点的主要生产原辅料，以及各个原辅料的主要成分和加工特点，根据标准要求验收采购原料；其次，要按照烤蛋糕类糕点加工的基本工艺流程和参数进行加工，在加工过程中要利用各种技术手段预防或解决各类产品质量安全问题，确保产品质量安全；最后，根据成品标准对成品进行检验。

任务实施

一、生产规范要求

（一）环境场所

良好的卫生环境是生产安全食品的基础，糕点企业的生产环境应符合《食品安全国家标准 食品生产通用卫生规范》（GB 14881）、《食品安全国家标准 糕点、面包卫生规范》（GB 8957）等相关标准的要求，厂区选址应远离污染源，周围无虫害大量孳生的潜在场所，环境整洁。厂区布局合理，各功能区域划分明显，包括原辅料库、生产车间、检验室等；设计与布局合理，便于设备的安装、清洗、消毒等；道路硬化，铺设混凝土、沥青或者其他硬质材料；厂区绿化与生产车间保持适当距离，生活区及生产区分开。有合理的排水系统，污水处理设施等应当远离生产区域和主干道，并位于主风向的下风处，排放应符合相关规定。生产区建筑物与外源公路或道路应保持一定距离或封闭隔离，并设有防护措施。厂区内禁止饲养禽、畜。

糕点生产企业应具备原料库、生产车间和成品库。车间生产工艺布局合理，满足食品卫生操作要求。各生产车间或内部区域应依其清洁要求程度，分为清洁作业区、准清洁作业区及一般作业区，各区之间应防止交叉污染。清洁作业区应为独立间隔，如半成品冷却区与暂存区、内包装间、冷加工间、清洗消毒区等。清洁作业区空气中的菌落总数应结合生产实际情况确定监控指标限值。

(二) 设备设施

《糕点生产许可证审查细则》规定，糕点生产企业必须具备下列生产设备：调粉设备（如和面机、打蛋机）；成型设施（如月饼成型机、桃酥机、蛋糕成型机、酥皮机、印模等）；熟制设备（如烤炉、油炸锅、蒸锅）；包装设施（如包装机）。生产发酵类产品还应具备发酵设施（如发酵箱、醒发箱）。

生产企业应配备与生产能力相适应的生产设备，并按工艺流程有序排列，避免引起交叉污染，建立和落实维护保养制度。直接使用鸡蛋作为原料的工厂，应设有洗蛋间，洗蛋间应有洗蛋、消毒设施。产生大量蒸汽或油烟的食品加工区域上方应设置有效的机械排风设施。

二、原辅材料要求

生产烤蛋糕类糕点常用原辅料包括小麦粉、水、鸡蛋、食糖、食用油、食品添加剂等。肉、蛋、奶、速冻食品等容易腐败变质的食品原料应建立相应的温度控制等食品安全控制措施并严格执行。如使用的原辅材料为实施生产许可证管理的产品，必须选用获得生产许可证企业生产的产品。

小麦粉是加工糕点的主要原料之一。小麦粉产品分为通用小麦粉和专用小麦粉。这里的通用小麦粉和专用小麦粉的划分是相对的，是根据生产工艺、产品执行标准、产品的主要用途等，为了便于工作而进行的划分，并非标准的规定。

我国现行小麦粉推荐性国家标准中将面粉分为四等，即：特制一等粉、特制二等粉、标准粉和普通粉。评定面粉质量的项目包括：水分、灰分、粗细度、含砂量、磁性金属物、面筋质、气味口味、脂肪酸值等。

由于我国小麦品种多，播种面积大，并且各产区的土壤、气候和栽培方法不同，使小麦性质有很大差异。小麦性质的差别直接影响面粉的质量。加上面粉厂加工技术条件的不同，因此面粉的质量变动很大。

小麦粉应符合《食品安全国家标准 粮食》（GB 2715）的基本要求。GB 2715适用于供人食用的原粮和成品粮，包括谷物、豆类、薯类等。除此之外，小麦粉还有推荐性的国家标准《小麦粉》（GB/T 1355）、《高筋小麦粉》（GB/T 8607）、《低筋小麦粉》（GB/T 8608）、《营养强化小麦粉》（GB/T 21122）等。

此外，还有各种专用小麦粉，是针对不同面制食品的加工特性和品质的要求而生产的。专用小麦粉按用途不同可分为面包类小麦粉、糕点类小麦粉、饺子类小麦粉、预混合小麦粉和家庭用粉等，有各自的标准。例如，《面包用小麦粉》（LS/T 3201）、《蛋糕用小麦粉》（LS/T 3207）、《糕点用小麦粉》（LS/T 3208）等。企业可结合具体产品标准要求，制定不同原料的质量控制指标。

根据《中国食物成分表》（2018年版），小麦粉的主要成分见表1。

表1 小麦粉一般营养素成分表（以每100g可食部计）

食物成分名称	食物名称	
	小麦粉（代表值）[1]	小麦粉（标准粉）
水分/g	11.2	9.9

续表

食物成分名称	食物名称	
	小麦粉（代表值）[1]	小麦粉（标准粉）
能量/kJ	1512	1531
蛋白质/g	12.4	15.7
脂肪/g	1.7	2.5
碳水化合物/g	74.1	70.9
不溶性膳食纤维/g	0.8	—[2]
胆固醇/mg	0	0
灰分/g	0.7	1.0
总维生素 A/μg RAE	0	0
胡萝卜素/μg	0	0
视黄醇/μg	0	0
维生素 B_1/mg	0.20	0.46
维生素 B_2/mg	0.06	0.05
烟酸/mg	1.57	1.91
维生素 C/mg	0	0
维生素 E/mg	0.66	0.32
钙/mg	28	31
磷/mg	136	167
钾/mg	185	190
钠/mg	14.1	3.1
镁/mg	53	50
铁/mg	1.4	0.6
锌/mg	0.69	0.20
硒/μg	7.10	7.42
铜/mg	0.23	0.06
锰/mg	0.37	0.10

注：1. 代表值是指当来自不同地区的同一种食物有多个的时候，为了便于使用，《中国食物成分表》（2018 年版）对不同产区或不同品种的多条同个食物营养素含量计算了"x"代表值。

2. 符号"—"，表示未检测，理论上食物中应该存在一定量的该种成分，但未实际检测。

三、加工工艺操作

1. 工艺流程

依据《糕点生产许可证审查细则》，糕点的基本工艺流程一般包括原辅料处理、调粉、发酵（如发酵类）、成型、熟制（烘烤、油炸、蒸制或水煮）、冷却和包装等过程。

烤蛋糕类糕点的工艺流程如下：原料→调糊→装模→烘烤→脱模→冷却→产品。

2. 操作要点

（1）调糊：鸡蛋去壳，将蛋液、白砂糖放入打蛋机内对其进行搅拌，先慢后快，打蛋时间控制在 10min 左右，直到白砂糖全部溶解于混合溶液中，加入适量的水再搅拌均匀，将加工需要的面粉和膨松剂进行过筛，然后分批将其混入搅拌好的蛋糕中，然后搅拌均匀，在这一过程中不可以过度搅打，防止面粉起筋，影响糕点的形态。

（2）装模：将已经调好的面糊装入烤盘内，然后将其快速放入烤箱中对其进行烘烤，防止面糊在外放置时间较长而出现内部气体外泄情况，影响糕点的起发效果。

（3）烘烤：烘烤需要对温度进行有效的控制，烘烤温度 180℃ 左右，烘烤时间在 10～15min，直到糕点完全熟透。

四、主要质量问题及防（预防）治（解决）方法

糕点在生产、储藏及销售过程中经常会出现微生物超标、过氧化值和酸价超标等质量安全问题，以下对这些现象产生的原因进行分析，并介绍常用的解决方法。

（一）微生物超标

糕点产品的微生物指标超标，主要是菌落总数、大肠菌群、霉菌、致病菌等超标。菌落总数用来判定食品被细菌污染的程度；大肠菌群用来推断食品中有无污染肠道致病菌的可能；霉菌容易引起食品的霉变，有些霉菌还会产生毒素；致病菌极易引发疾病甚至中毒，危害性很大。造成糕点微生物指标不合格的主要原因：一是购入的原料被污染；二是储存条件欠佳导致原料霉变；三是生产工器具清洗消毒不彻底、生产环境卫生状况差、消毒液有效浓度不够；四是人员卫生控制不严格，工人对手、工作服、鞋、帽及生产工器具进行清洗消毒不彻底等；五是生熟食品交叉污染、半成品和成品的交叉污染。因此，糕点中污染菌的控制，特别要注意人员操作、环境污染以及原料带入污染等方面。

为防止产品的微生物超标问题，生产企业应按照《食品安全国家标准 食品生产通用卫生规范》（GB 14881）规定，根据产品特点确定关键控制环节进行微生物监控；建立食品加工过程的微生物监控程序，包括生产环境的微生物监控和过程产品的微生物监控。食品加工过程的微生物监控程序应包括：微生物监控指标、取样点、监控频率、取样和检测方法、评判原则和整改措施等。糕点工厂加工过程的微生物监控程序可参考 GB 8957 标准附录 A。

（二）过氧化值和酸价超标

酸价主要反映食品中的油脂酸败程度，过氧化值是油脂酸败的早期指标。而油脂是许多糕点的配料之一，由于生产企业采购的油脂不合格或者储存保管不善、加工过程中工艺控制不严等，导致糕点的酸价和过氧化值超标。

引起糕点过氧化值超标的最主要原因是油脂经高温烘烤后氧化所致。糕点生产中若使用了含油脂的果仁或油脂成分过高的食品原料，经热加工可加重酸败。加工好的糕点存放时间过长，尤其是夏季，在阳光、高温作用下也可加快酸败，导致过氧化值超标。过氧化值和酸价超标说明可能在糕点生产加工过程中使用了质量不合格的油脂。可能由于原料采购把关不严、生产工艺不达标、产品储藏条件不当等，使油脂氧化加剧产生酸败。企业应重点加强油脂原料采购验收、过程卫生和成品贮存条件的控制。

五、成品质量标准及评价

《食品安全国家标准 糕点、面包》（GB 7099）标准规定了糕点的感官要求、重金属限量要求等食品安全要求及其检测方法。其中规定，污染物限量应符合 GB 2762 的规定；致病菌限量应符合 GB 29921 中熟制粮食制品（含焙烤类）的规定。

《糕点通则》（GB/T 20977）规定了中式糕点的产品分类、要求、试验方法、检验规则和标签的要求。

依据上述规定，整理出烤蛋糕类糕点成品应符合的质量安全指标如表 2 所示。

表 2 烤蛋糕类糕点质量安全指标

产品指标		指标要求	标准法规来源	检验方法
原料要求		原料应符合相应的食品标准和有关规定	GB 7099	
		原料和辅料：应符合相应的产品标准规定 糕点馅料：具有该品种应有的色泽、气味、滋味及组织状态，无异味，无杂质。不得使用过保质期和回收的馅料	GB/T 20977	
感官要求	色泽	具有产品应有的正常色泽	GB 7099	GB 7099
	色泽	表面色泽均匀，具有该品种应有的色泽特征	GB/T 20977	GB/T 20977
	滋味、气味	具有产品应有的气味和滋味，无异味	GB 7099	GB 7099
	滋味与口感	味纯正，无异味，具有该品种应有的风味和口感特征	GB/T 20977	GB/T 20977
	状态	无霉变、无生虫及其他正常视力可见的外来异物	GB 7099	GB 7099
	形态	外形整齐，底部平整，无霉变，无变形，具有该品种应有的形态特征	GB/T 20977	GB/T 20977
	组织	无不规则大空洞。无糖粒，无粉块。带馅类饼皮厚薄均匀，皮馅比例适当，馅料分布均匀，馅料细腻，具有该品种应有的组织特征		
	杂质	无可见杂质		
理化指标	酸价	≤5mg/g（以脂肪计，KOH。仅适用于配料中添加油脂的产品）	GB 7099	GB 5009.229
	过氧化值	≤0.25g/100g（以脂肪计。仅适用于配料中添加油脂的产品）		GB 5009.227
	净含量	净含量允许短缺量的要求参见《定量包装商品计量监督管理办法》的规定，采用称量销售的要求参见《零售商品称重计量监督管理办法》的规定	GB/T 20977	JJF 1070
	干燥失重	≤42.0%		GB 5009.3—2016 中第一法
	蛋白质	≥4.0%		GB 5009.5—2016 中第一法
	总糖	≤42.0%		GB/T 20977

续表

产品指标		指标要求	标准法规来源	检验方法
微生物要求	菌落总数	$n=5$，$c=2$，$m=10^4$，$M=10^5$ CFU/g（不适用于现制现售的产品，以及含有未熟制的发酵配料或新鲜水果蔬菜的产品）	GB 7099	GB 4789.2
	大肠菌群	$n=5$，$c=2$，$m=10$，$M=10^2$ CFU/g（不适用于现制现售的产品，以及含有未熟制的发酵配料或新鲜水果蔬菜的产品）		GB 4789.3 平板计数法
	霉菌	≤150CFU/g（不适用于添加了霉菌成熟干酪的产品）		GB 4789.15
污染物限量	铅	≤0.5mg/kg（以 Pb 计）	GB 2762	GB 5009.12
	锡	≤250mg/kg（以 Sn 计。仅适用于采用镀锡薄板容器包装的食品）		GB 5009.16
致病菌限量	沙门氏菌	$n=5$，$c=0$，$m=0/25g$，$M=$—	GB 29921	GB 4789.4
	金黄色葡萄球菌	$n=5$，$c=1$，$m=100$CFU/g，$M=1000$CFU/g		GB 4789.10

实训工作任务单

学习项目	糕点加工技术	工作任务	烤蛋糕类糕点制作
时间		工作地点	
任务内容	原辅料的选择及处理，调糊操作，烘烤处理，装模操作，烤蛋糕类糕点生产过程中存在的质量问题与解决方法		
工作目标	素质目标 1. 了解糕点加工行业近几年基本情况 2. 了解地方特色糕点 技能目标 1. 能够根据标准要求进行糕点加工原辅料的验收 2. 能够根据原辅料特点和成分对糕点加工工艺参数进行调整 3. 能够预防和解决糕点加工过程中的主要质量安全问题 知识目标 1. 掌握常见加工糕点用各类原料的主要理化成分和加工特点 2. 掌握糕点加工的主要原辅料及其验收要求 3. 掌握典型糕点加工的主要工艺流程和关键工艺参数 4. 掌握糕点加工中的主要质量安全问题及防（预防）治（解决）方法 5. 掌握糕点成品的质量安全标准要求及其评价方法		
产品描述	请描述该产品的特点、感官性状、营养成分等		
实训设备	请列举本次实训使用的设备，并描述操作要点		
操作要点	请根据课程学习和实训操作填写烤蛋糕类糕点制作的工艺流程和操作要点		

续表

成果提交	实训报告，烤蛋糕类糕点产品
相关标准/ 验收标准	请根据课程学习和实训操作填写烤蛋糕类糕点的相关验收标准，包括指标名称、指标要求、检测方法、来源标准法规
实训心得	本次实训有哪些收获？产品的关键控制点和容易出现的问题有哪些
提示	

工作考核单

学习项目		糕点加工技术	工作任务	烤蛋糕类糕点制作	
班级			组别	（组长）姓名	
序号	考核内容	考核标准	分数	权重		
				自评	组评	教师评
				30%	30%	40%
1	学习态度	积极主动，实事求是，团队协作，律己守纪				
2	组织纪律	上课考勤情况				
3	任务领会与计划	理解生产任务目标要求，能查阅相关资料，能制订生产方案				
4	任务实施	能根据生产任务单和作业指导书实施生产步骤，完成任务				
5	项目验收	依据相关技术资料对完成的工作任务进行评价				
6	工作评价与反馈	针对任务的完成情况进行合理分析，对存在问题展开讨论，提出修改意见				
		合计				
评语						

指导老师签字_____

项目四　焙烤产品加工

任务四　馕加工

 学习目标

【素质目标】
1. 了解新疆馕加工行业近几年基本情况
2. 了解新疆主要馕产品的行业特点

【技能目标】
1. 能够根据标准要求进行馕加工原辅料的验收
2. 能够根据馕的原辅料特点和成分对加工工艺参数进行调整
3. 能够预防和解决馕加工过程中的主要质量安全问题

【知识目标】
1. 掌握新疆常见馕加工用小麦粉等原料的主要理化成分和加工特点
2. 掌握馕加工的主要原辅料及其验收要求
3. 掌握典型馕加工的主要工艺流程和关键工艺参数
4. 掌握馕加工中的主要质量安全问题及防（预防）治（解决）方法
5. 掌握馕成品的质量安全标准要求及其评价方法

任务资讯（任务案例）

　　新疆维吾尔自治区人民政府办公厅于 2018 年 11 月印发了《关于进一步促进农产品加工业发展的实施意见》（新政办发〔2018〕47 号），其中提出，要开展现代加工技术研发，以传统主食馕为重点，提高馕、抓饭等主食产品工业化生产水平和社会化供应能力。

　　为全面贯彻第三次中央新疆工作座谈会精神，落实自治区党委关于"十四五"时期重点产业发展定位和要求，加快推动馕产业规模化、产业化、市场化发展，打造面向国内外市场的特色优势产业，2021 年 8 月，新疆维吾尔自治区人民政府印发了《关于印发〈新疆维吾尔自治区馕产业发展的意见〉的通知》，提出的总体目标是，到 2025 年，馕产业发展环境进一步优化，产业规模不断扩大，市场竞争力明显增强，产业融合发展水平显著提高，产业惠民能力持续增强。馕产品作为特色食品、休闲食品在全国形成一定知名度和认可度，形成新疆"走出去"地域特色产业，力争实现各类馕产品日均销售量 5000 万个，带动 30 万人就业。

　　2022 年 5 月，新疆维吾尔自治区人民政府办公厅发布《关于印发新疆维吾尔自治区"十四五"粮食产业高质量发展规划的通知》，也提出要大力发展馕产业，提高规模化、产业化、市场化水平，加强打馕专用面粉、食用植物油等与馕生产相关的原料加工生产。丰富完善馕产品体系，引导馕产品加工企业集聚发展。

　　此外，《新疆维吾尔自治区国民经济和社会发展第十四个五年规划和 2035 年远景目标纲

25

要》中也明确要做强做优馕产业，提高标准化、规模化生产水平和社会化供应能力，积极拓展现代商业营销模式，以馕产业带动食品工业发展。

馕作为新疆的特色美食，已经走出新疆，走向了全国各地。随着"一带一路"建设的深入推进，新疆馕产业发展布局正在从疆内向内地以及周边国家市场拓展。面对国内国际两个大市场，新疆馕产业发展有着广阔的空间。

任务发布

馕的生产不受任何季节限制，需求量、市场空间和潜力很大。基于此，新疆不少企业生产馕产品。芝麻馕作为馕产品中的一种，请问，如果企业要生产这类产品，其原辅料验收要求是什么？主要工艺流程有哪些？生产过程卫生控制要符合哪些要求？该企业在产品生产过程中可能面临哪些质量安全问题？如何预防和改善？产品成品的验收标准分别有哪些？

任务分析

依据《食品安全地方标准 馕》（DBS65/022—2021），馕是指以小麦粉、杂粮粉的一种或几种为主要原料，添加或不添加食用盐、食糖、食用植物油、乳及乳制品、鲜蛋及其制品、蔬菜、水果干制品、坚果仁及籽类、果酱、辣椒酱、香辛料等辅料，经和面、发酵或不发酵、成型、烘烤、冷却、包装等工序制成的产品。馕有很多品种，如芝麻馕、杂粮馕、洋葱馕、核桃馕等，不同品种的馕产品外观、口感、风味各具特色。

要进行芝麻馕的加工，需要按照食品生产许可的规定具备环境场所、设备设施、人员制度等方面的条件，获得相应品类的食品生产许可证，才能开展生产工作。在加工方面，首先，需要了解生产所用原料的主要品种，以及各个品种的主要理化成分和加工特点，根据标准要求验收采购原料；其次，要按照基本工艺流程和参数开展生产加工，在加工过程中要利用各种技术手段预防或解决各类产品质量安全问题，确保产品质量安全；最后，要根据成品标准对成品进行检验。

任务实施

一、生产规范要求

（一）环境场所

良好的卫生环境是生产安全食品的基础，馕加工企业的生产环境应符合《食品安全国家标准 食品生产通用卫生规范》（GB 14881）等相关标准的相关要求，厂区选址应远离污染源，周围无虫害大量孳生的潜在场所，环境整洁。厂区布局合理，各功能区域划分明显，包括原辅料库、生产车间、检验室等；设计与布局合理，便于设备的安装、清洗、消毒等；道路硬化，铺设混凝土、沥青或者其他硬质材料；厂区绿化与生产车间保持适当距离，生活区及生产区分开。有合理的排水系统，污水处理设施等应当远离生产区域和主干道，并位于主风向的下风处，排放应符合相关规定。场所应具有良好的照明和通风，应提供足够且方便的厕所，厕所区应配备自动开关的门。凡是流程需要的场合，应提供足够且方便的设施，供员工洗手和干燥手。

生产区建筑物与外源公路或道路应保持一定距离或封闭隔离，并设有防护措施。厂区内禁止饲养禽、畜。车间内生产工艺布局合理，满足食品卫生操作要求，根据产品特点、生产工艺及生产过程对清洁程度的要求，合理划分作业区，避免交叉污染。

生产企业除必须具备的生产环境外，还应设置与企业生产相适应的验收场所、原料处理场所、原辅材料仓库、生产车间、包装车间、成品仓库。接收或储存原材料的区域应与进行最终产品制备或包装的区域分开，阻止成品污染。用于储存、制造或处理可食用产品的区域和隔间，应与用于非食用材料的区域和隔间分开，并加以区别。食品处理区应与作为生活区部分的任何场地完全分开。

(二) 设备设施

生产企业必须具备和面设备、烤馕设备、包装设备等。与物料接触的设备、器具，应符合 GB 4806.1 的要求，与水接触的设备、器具应由耐腐蚀材料制成。设备中与物料的接触面应具有非吸收性、无毒、平滑。每日使用前、后应进行有效的清洗和消毒。

二、原辅材料要求

(一) 原料品种及其成分

加工馕用到的主要原料是小麦粉、玉米粉、杂粮粉等。以小麦粉为例，小麦粉品类比较多，根据《小麦粉》(GB/T 1355—2021)，小麦粉分为精制粉、标准粉和普通粉。根据《中国食物成分表》(2018 年版)，小麦粉的主要成分见表1。

表 1　小麦粉一般营养素成分表（以每 100g 可食部计）

食物成分名称	食物名称	
	小麦粉（代表值）[1]	小麦粉（标准粉）
水分/g	11.2	9.9
能量/kJ	1512	1531
蛋白质/g	12.4	15.7
脂肪/g	1.7	2.5
碳水化合物/g	74.1	70.9
不溶性膳食纤维/g	0.8	—[2]
胆固醇/mg	0	0
灰分/g	0.7	1.0
总维生素 A/μg RAE	0	0
胡萝卜素/μg	0	0
视黄醇/μg	0	0
维生素 B_1/mg	0.20	0.46
维生素 B_2/mg	0.06	0.05

续表

食物成分名称	食物名称	
	小麦粉（代表值）[1]	小麦粉（标准粉）
烟酸/mg	1.57	1.91
维生素 C/mg	0	0
维生素 E/mg	0.66	0.32
钙/mg	28	31
磷/mg	136	167
钾/mg	185	190
钠/mg	14.1	3.1
镁/mg	53	50
铁/mg	1.4	0.6
锌/mg	0.69	0.20
硒/μg	7.10	7.42
铜/mg	0.23	0.06
锰/mg	0.37	0.10

注：1. 代表值是指当来自不同地区的同一种食物有多个的时候，为了便于使用，《中国食物成分表》（2018 年版）对不同产区或不同品种的多条同个食物营养素含量计算了"x"代表值。

2. 符号"—"，表示未检测，理论上食物中应该存在一定量的该种成分，但未实际检测。

馕加工用小麦粉原料的品质好坏直接关系到馕产品质量。新疆复杂的生态条件和不同区域饮食习惯的选择形成了类型丰富多样的馕，各类型馕的制作对小麦品质类型要求不同。一般认为制作馕要求小麦籽粒硬度软、适中或硬，出粉率高，面粉色白，麸星和灰分少，面筋含量低、中等或高，总体看来，馕对面粉品质性状的要求范围较宽。根据小麦品质类型和各地区饮食习惯将馕分为高筋馕、普通馕和酥性馕 3 个类型。根据新疆馕的类型以及新疆不同生态区域小麦种植特性，将馕专用小麦种品质类型分为高筋馕专用小麦品种品质、普通馕专用小麦品种品质和酥性馕专用小麦品种品质。

小麦粉品质对馕品质的影响很大，主要表现在小麦粉的组成成分对馕组织结构、口感风味的影响。淀粉是小麦粉的主要成分，填充于面筋构成的网络结构中，并进行着一系列水解、焦糖化等化学反应。蛋白质含量决定小麦面筋含量，面筋的形成主要表现为两方面的作用，即为蛋白质的水化作用和胀润作用，一方面，水不溶性的两种蛋白麦胶蛋白和麦谷蛋白能够快速吸收水分，结合成水化蛋白，另一方面，蛋白质分子渐渐胀润、彼此黏结，从而形成面团中整个海绵状面筋网状结构，使面团形成黏弹和易拉伸的质感。小麦粉中还含有微量的脂肪，在改变面筋结构中起到重要作用，脂类成分可以与淀粉粒子之间形成复合结构，阻止淀粉粒子相互缔结，减缓了面食制品的老化速度，同时脂肪分解的产物可以使面筋弹性增大，延伸性减小。小麦粉中的酶含量及活性也对发酵作用至关重要，比如 α-淀粉酶、β-淀粉酶、蛋白酶、脂肪酶等。适合于馕制作的小麦粉一般采用中筋小麦粉。目前已有社会团体发布了馕专用小麦粉团体标准，如新疆维吾尔自治区粮食行业协会发布的《馕（饼）专用小麦粉》（T/XJLSXH 1101—2019）。

（二）原料验收要求

依据《食品安全地方标准　馕》（DBS65/022—2021），馕的原料应符合相应的食品标准和有关规定。例如，生产芝麻馕所使用的水应符合《生活饮用水卫生标准》（GB 5749）的要求，小麦粉应符合《食品安全国家标准　粮食》（GB 2715）的要求，植物油应符合《食品安全国家标准　植物油》（GB 2716）的要求，食用盐应符合《食品安全国家标准　食用盐》（GB 2721）的要求，白砂糖应符合《食品安全国家标准　食糖》（GB 13104）的要求，鸡蛋应符合《食品安全国家标准　蛋与蛋制品》（GB 2749）的要求，酵母应符合《食品安全国家标准　食品加工用酵母》（GB 31639）的要求，芝麻应符合《食品安全国家标准　坚果与籽类食品》（GB 19300）的要求，原辅料的污染物限量应符合《食品安全国家标准　食品中污染物限量》（GB 2762）的规定，真菌毒素的限量应符合《食品安全国家标准　食品中真菌毒素限量》（GB 2761），农药最大残留限量应符合《食品安全国家标准　食品中农药最大残留限量》（GB 2763）的规定。

三、加工工艺操作

（一）工艺流程

和面→一次醒发→制面坯→二次醒发→馕坑加热及成型→添加辅料（芝麻）→烘烤→冷却→包装。

（二）操作要点

（1）和面：在和面机中加入小麦粉、水、植物油、鸡蛋、食用盐、酵母，搅拌约22min使其混合均匀，继续和面，和至表面光滑的面坯。

（2）一次醒发：取出光滑面坯，常温醒发55min左右。

制面坯：将面团反复揉搓排出空气，并将其分成约250g的面坯。

（3）二次醒发：取出光滑面坯，常温醒发20min左右；醒发箱中醒发，控制温度在38℃左右，醒发时间10min。

（4）成型：将面坯压成饼状，面饼的直径约25cm，厚度约1cm。用馕针按照一定规则扎出若干个通气孔。将芝麻放到盘中，把面饼贴到芝麻盘上，让芝麻均匀地粘到面饼上部。面饼的一面涂抹食用盐水，将面饼置于馕枕上，涂抹盐水的一面贴合馕坑。

（5）烘烤：根据馕饼不同大小，将电馕坑温度调至220±10℃，用馕枕将芝麻面饼贴于馕坑内壁，盖上馕坑盖，烘烤4min左右。

（6）冷却：将馕成品冷却至室温。

（7）包装：使用能在正常的贮存、运输、销售条件下最大限度地保护食品的安全性和食品品质的包装袋包装好馕成品。使用包装材料时应核对标识，避免误用。应如实记录包装材料的使用情况。

四、主要质量问题及防（预防）治（解决）方法

馕在生产、储藏及销售过程中经常会出现风味、口感不佳等质量安全问题，以下对这些现象产生的原因进行分析，并介绍常用的解决方法。

（一）原辅料使用量对馕产品品质的影响分析

油脂用量是馕饼加工的一个重要因素。添加一定量的油脂可以减弱面团的吸水量，延长馕饼制品的存放周期，并且阻止淀粉回生老化，减缓产品老化速度。同时油脂用量在较大程度上影响馕饼的成型、色泽、香味以及口感。

食盐对馕饼品质也有重要影响。除了给馕饼增加咸味外，食盐渗透压的作用还可使面团中的面筋质地更紧密，面筋网络形成的空洞相对减少，使产品色泽光亮美观。食盐添加量较小时，面团的酵母发酵能力和流变行为不足，影响口感、质地和面团的稳定性。食盐用量过高会导致渗透压过高，引起酵母细胞萎缩，降低酵母发酵力，妨碍面团的发酵及成型。由此可看出：食盐添加过多或过少均会影响馕饼的风味：过少使口感清淡，降低食欲；过多则导致口感过咸。食盐能增强面团的筋力，改善馕饼口感和外部色泽观感，增加馕饼的风味。

酵母主要是对面团的发酵以及成品的风味产生影响。酵母添加量不足时，面团松软性不够，口感风味不突出。添加适量酵母可使面团的产气力和持气力达到最大值，使馕饼内部组织、体积以及表皮颜色达到最佳效果。酵母添加量过多，酵母气味过浓，口味差，掩盖其本身独有的香味，弱化馕饼的香味和口感，减少参与美拉德反应的还原糖含量，导致产品表皮颜色不均且无光泽，馕饼的亮度降低。

（二）工艺对馕产品品质的影响分析

发面的时间和烤馕有直接的关系。一年四季发面的时间不一样，冬季时间较长，一般要5~6h，室内还要加温，室内温度要保持在20℃左右；夏季发面时间短，一般2h为宜。无论是冬季还是夏季，还通过添加的发酵面的量来控制发面的时间，发酵面团兑入得多，就发酵得快，兑入少，发酵就慢。发酵面团兑入量是根据下一步的准备工作所需要的时间而定，但不能超过一定的量。要注意的是发面时间估算后立刻进行下一步工作，不然会影响馕的口味，如果时间过长馕就会变酸，时间过短，面发不起来，馕就会生硬。

馕品质的好坏除了发面时间长短以外，还依赖于揉面的功夫。在揉面时讲究揉匀、揉透，这种馕吃起来才有劲，也不会松散。从发面到下一步的成形（馕坯），尽量对发面团进行多次揉面操作，揉的次数越多，馕的味道越好，保存时间越长。

此外，馕产品品质还跟烤制温度和烤制时间密切相关。烤制温度和烤制时间是相辅相成、相互制约的，火候不当会严重影响馕的品质。影响馕制品品质的主要是面火和底火。面火决定馕制品的外部形态和色泽，面火过小，馕形态易改变，上色差，面火过大，表皮过早凝固硬化，影响内部蓬松结构的形成。底火决定馕制品的膨胀和酥松程度，底部火太小，易使馕制品上表面焦糊，下表面夹生；底部火过大，导致下表面焦糊，松发性差。当温度较低时，烘烤时间越短，馕不熟易变形，烘烤时间过长，水分被蒸干，馕太硬。当温度较高时，烘烤时间短，馕外焦内嫩或夹生状态，烘烤时间长，馕表面易焦糊硬化炭化。

五、成品质量标准及评价

《食品安全地方标准　馕》（DBS65/022—2021）规定了馕的术语和定义、产品分类、原辅料等技术要求以及标签的要求。

依据该标准，整理出芝麻馕成品应符合的质量安全指标如表2所示。

表 2 芝麻馕质量安全指标

产品指标		指标要求	标准法规来源	检验方法
原料要求		食糖：符合 GB 13104 的规定 小麦粉：符合 GB 2715 的规定 食用植物油：符合 GB 2716 的规定 食盐：符合 GB 2721 的规定 鸡蛋：符合 GB 2749 的规定 生产用水：符合 GB 5749 的规定 酵母：符合 GB 31639 的规定 芝麻：符合 GB 19300 的规定 其他原辅料和食品添加剂应符合相应的食品安全标准或有关规定		
感官要求	形态	圆饼形或其他形状，轮廓分明，花纹清晰，底部平整	DBS65/022	DBS65/022
	色泽	色泽基本均匀，表面淡黄色至浅棕色或具有所加辅料固有的色泽，无焦糊		
	组织	表面辅料分布基本均匀，无夹生，无硬块，具有该品种应有的组织特征		
	滋味、气味、口感	具有本产品固有的香味，口感酥脆，无哈喇味及其他异味，无霉味		
	杂质	无肉眼可见外来杂质		
理化指标	水分	≤35g/100g		GB5009.3
	酸价	≤5mg/g（以脂肪计，KOH。仅适用于配料中添加油脂的产品）		GB 5009.229
	过氧化值	≤0.25g/100g（以脂肪计。仅适用于配料中添加油脂的产品）		GB 5009.227
	净含量及允差	应符合国家质量监督检验检疫总局令（2005）第 75 号《定量包装商品计量监督管理办法》的规定		
微生物要求	菌落总数	$n=5$，$c=2$，$m=10^4$，$M=10^5$CFU/g		GB4789.2
	大肠菌群	$n=5$，$c=2$，$m=10$，$M=10^2$CFU/g		GB 4789.3 平板计数法
	霉菌	≤150CFU/g		GB 4789.15
污染物限量	铅	≤0.5mg/kg（以 Pb 计）	GB 2762	GB 5009.12
真菌毒素限量	黄曲霉毒素 B1	≤5.0μg/kg	GB 2761	GB 5009.24

续表

产品指标		指标要求	标准法规来源	检验方法
致病菌限量	沙门氏菌	$n=5$，$c=0$，$m=0/25g$（mL），$M=$—	GB 29921	GB 4789.4
	金黄色葡萄球菌	$n=5$，$c=1$，$m=100CFU/g$，$M=1000CFU/g$		GB 4789.10

实训工作任务单

学习项目	馕加工技术	工作任务	芝麻馕制作
时间		工作地点	
任务内容	馕加工原料的处理，烤馕操作，馕生产过程中存在的质量问题与解决方法		
工作目标	素质目标 1. 了解新疆馕加工行业近几年基本情况 2. 了解新疆主要馕产品的行业特点 技能目标 1. 能够根据标准要求进行馕加工原辅料的验收 2. 能够根据馕的原辅料特点和成分对加工工艺参数进行调整 3. 能够预防和解决馕加工过程中的主要质量安全问题 知识目标 1. 掌握新疆常见馕加工用小麦粉等原料的主要理化成分和加工特点 2. 掌握馕加工的主要原辅料及其验收要求 3. 掌握典型馕加工的主要工艺流程和关键工艺参数 4. 掌握馕加工中的主要质量安全问题及防（预防）治（解决）方法 5. 掌握馕成品的质量安全标准要求及其评价方法		
产品描述	请描述该产品的特点、感官性状、营养成分等		
实验设备	请列举本次实验使用的设备，并描述操作要点		
操作要点	请根据课程学习和实验操作填写馕制作的工艺流程和操作要点		
成果提交	实训报告，芝麻馕产品		
相关标准/验收标准	请根据课程学习和实验操作填写馕的相关验收标准，包括指标名称、指标要求、检测方法、来源标准法规		
实验心得	本次实验有哪些收获？产品的关键控制点和容易出现的问题有哪些		
提示			

工作考核单

学习项目	馕加工技术		工作任务		芝麻馕制作	
班级		组别		（组长）姓名		

序号	考核内容	考核标准	分数	权重		
				自评	组评	教师评
				30%	30%	40%
1	学习态度	积极主动，实事求是，团队协作，律己守纪				
2	组织纪律	上课考勤情况				
3	任务领会与计划	理解生产任务目标要求，能查阅相关资料，能制订生产方案				
4	任务实施	能根据生产任务单和作业指导书实施生产步骤，完成任务				
5	项目验收	依据相关技术资料对完成的工作任务进行评价				
6	工作评价与反馈	针对任务的完成情况进行合理分析，对存在问题展开讨论，提出修改意见				
	合计					
评语						

指导老师签字＿＿＿＿＿＿＿

参考文献

[1] 张丽丽. 馕产品加工调研情况的报告[J]. 农家致富顾问, 2020 (20): 1.

[2] DuncanManley. 饼干加工工艺[M]. 北京: 中国轻工业出版社, 2006.

[3] StanleyP. Cauvain, LindaS. Young. 面包加工工艺[M]. 北京: 中国轻工业出版社, 2004.

[4] 薛效贤. 面包加工及面包添加剂[M]. 北京: 科学技术文献出版社, 1998.

[5] 贡汉坤. 焙烤食品工艺学[M]. 北京: 中国轻工业出版社, 2006.

[6] 沈建福. 焙烤食品工艺学[M]. 杭州: 浙江大学出版社, 2001.

[7] 王光瑞, 王瑞. 焙烤品质与面团形成和稳定时间相关分析[J]. 中国粮油学报, 1997, 12 (3): 6.

[8] 李里特. 焙烤食品工艺学[M]. 北京: 中国轻工业出版社, 2000.